探索未知　改变世界

科学大爆炸

化石和羽毛

恐　龙

U0166782

探索未知 改变世界

科学大爆炸

化石和羽毛

恐 龙

[美]MK·里德 文 [美]乔·弗勒德 图

马悦玥 译

贵州出版集团 贵州人民出版社

本书插图系原文插图

版权合同登记号 图字：22-2022-041

审图号 GS京（2022）1098号

图书在版编目（CIP）数据

化石和羽毛：恐龙 /（美）MK·里德文；（美）乔
·弗勒德图；马悦玥译. -- 贵阳：贵州人民出版社，
2022.10（2024.4 重印）

（科学大爆炸）

ISBN 978-7-221-17265-5

Ⅰ. ①化… Ⅱ. ①M… ②乔… ③马… Ⅲ. ①恐龙—
少儿读物 Ⅳ. ①Q915.864-49

中国版本图书馆CIP数据核字（2022）第163758号

KEXUE DA BAOZHA

HUASHI HE YUMAO：KONGLONG

科学大爆炸

化石和羽毛：恐龙

［美］MK·里德 文 ［美］乔·弗勒德 图 马悦玥 译

出 版 人 朱文迅 策 划 蒲公英童书馆
责任编辑 颜小鹂 执行编辑 陈晨 装帧设计 曾念 王学元 责任印制 郑海鸥

出版发行 贵州出版集团 贵州人民出版社
地 址 贵阳市观山湖区中天会展城会展东路SOHO公寓A座（010-85805785 编辑部）
印 刷 北京利丰雅高长城印刷有限公司（010-59011367）
版 次 2022年10月第1版
印 次 2024年4月第4次印刷
开 本 700毫米×980毫米 1/16
印 张 8
字 数 50千字
书 号 ISBN 978-7-221-17265-5
定 价 39.80元

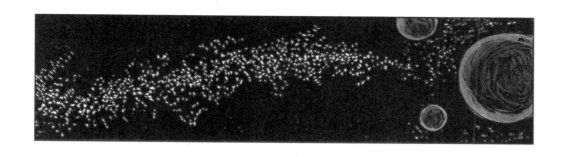

前 言

　　我还是个孩子时，画了一只恐爪龙。这对我来说很平常，因为我能拿铅笔的时候就爱上了恐龙。我十分清楚地记得那只特别的恐爪龙，因为在画它的时候，我非常努力地想象着它的样子。

　　为什么创作这张画发挥了我所有的想象力？因为我画的恐爪龙有条纹！更令人惊讶的是：条纹是蓝色的！在我见过的所有图画书中，恐龙都是绿色、灰色或者棕色的。从盒子里拿出蓝色蜡笔时，我觉得自己像个疯子。

　　现在回想起来，其实我的想象并不离谱。实际上，我的想象还不够离谱。之后的这些年里，一个想法在我的脑海里不断强化：恐龙太奇妙了！

　　"fantastic"（奇妙）一词的字面意思是"似乎是从天马行空的想象中孕育出来的"。过去几十年，古生物学最重要的发现便是，当我们想到恐龙时，想象力受到了太多的限制。在我最大胆的想象中，也从来想象不到羽王龙身上的毛、切齿龙突出嘴外的牙齿、科斯莫角龙像梳子一样的"角"、阿马加龙多刺的脖子，或者小盗龙有飞羽的四肢。

去看看最新的恐手龙插画，我敢打赌，你的想象力再无边无际也想象不出那样的恐龙。

令人难以置信的新发现层出不穷。霸王龙骨骼中的软组织和蜥脚类恐龙的蛋，奔龙羽毛和鸭嘴龙鳞片中的色素，穴居的鸟脚类恐龙、水生棘龙、北极恐龙、南极恐龙……每一项新发现都让人感到，我们对恐龙的想象有多么保守。

你可能会问：我们现在想象恐龙时，还像过去那样保守吗？明天地球上会出现什么奇妙的新真相？你以后就会知道，这些都是古生物学家们几个世纪以来一直在问的问题。

阅读他们的故事，我们不仅能知道恐龙是如何生活的，也能明白我们是如何生活的。

我们通常认为"发现"是一个限制可能性的过程。想象一下，在一个凌乱的房间里寻找某样东西，比如一个恐龙玩具。当你开始搜寻时，你想象着玩具可能在许多不同的地方，也许是在床下或梳妆台后面，也许被埋在一堆其他玩具下面。但当你搜寻时，你在排除可能性。一旦你发现了玩具，就不会想象玩具可能在其他地方了。这种正常的发现——通过排除的过程去发现——是束缚我们的想象力的。

我画恐爪龙的时候，期待能遇到一只活恐龙。每次坐在父母汽车的后座上，我都会在经过的树丛中寻找恐龙的踪影。我觉得，如果能找到正确的观察方式，一定能发现

太空示意图

一个。但即使在当时，我也明白，找到一只活恐龙只是一个幻想。

许多年后，我上了一堂关于进化论中的科学和哲学的课。老师说我以后一定会学习恐龙的相关知识，后来确实如此。在学习中，我发现了一件奇妙的事，这件事在本书中也提到了——有恐龙在大灭绝中幸存下来，我们现在称它们为"鸟"。

这个发现给了我寻找恐龙的新方向。我可以从脚下的岩石查起；我可以在池塘里、树枝上或天空中寻找。我找到了正确的观察方式，它改变了我看待鸟类和恐龙的方式。它改变了我看待一切的方式。

MK·里德和乔·弗勒德在这本书中教会我们的是，科学发现与正常发现有很大的不同。科学发现让我们对周围的世界有了更多的想象，而不是限制它们。300年前，没有人知道恐龙；200年前，没有人知道每一个大陆上都有恐龙；100年前，没有人知道大陆在移动。这些发现改变了我们认识世界的方式。总有一天，你的发现也会释放我们的想象力。这就是科学在做的：它向我们展示了这个世界有多么的神奇。

我们现在想象恐龙长着羽毛，想象它们长着彩色条纹。当你读完本书时，你会以从未想过的方式想象它们。

在这本书中，你会发现许多恐龙都是按照今天的古生物

学家们的想象绘制的，其中就有最新的恐爪龙。乔·弗勒德绘制了这只覆盖着羽毛的动物，它徘徊在现代爬行动物和鸟类之间。如果儿时的我因为拿出那支蓝色蜡笔而认为自己是个疯子，那他又会怎么评价乔呢？

我现在可以这么说：乔的艺术和MK·里德的文字，与作为他们灵感来源的动物一样神奇。他们在科学、哲学和历史三个方面取得平衡，不但信息量巨大，而且很有趣，最重要的是，富有想象力。发现的精神萦绕在每一页。

当你阅读这本书时，当你翻开书页了解鼻王龙群的新信息时，或者当你停下来消化霸王龙可能有羽毛的新观点时，请记住这一点——发现的精神在于寻找奇妙之物。当你阅读时，发现的精神就在你身上。

有时人们会说，一旦你的想象力被释放，它就会飞起来。当你翻过这一页，会发现这是真的。让你的想象翱翔！你会发现这真是太棒了！你将置身于恐龙之中。

——伦纳德·芬克尔曼博士
林菲尔德学院科学哲学助理教授

有一些恐龙
会成群地在
水里漫步，
但不游泳。

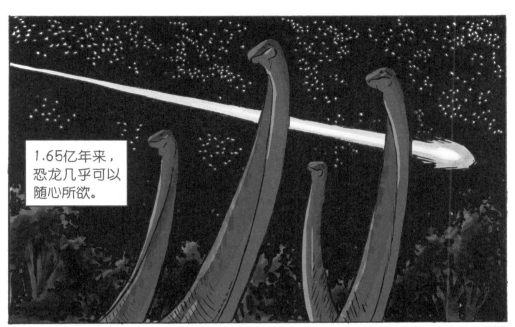

1.65亿年来，恐龙几乎可以随心所欲。

然后……

它们神秘地失踪了。

除了它们的一些骨头，还有蛋，以及其他东西。

一些遗留物保存在岩石中，记录了它们的部分生活。

恐龙灭绝了大约6600万年后，人类进化出来了。后来，我们开始注意到奇怪的旧骨头，并试图解释它们。

当时，人们认为大象的骨架实际上来自巨人。

你想象不到是一个象鼻占据了它们头骨中间的空间，尤其是当你从未见过大象这样的动物时。

并且，这些骨架出现在欧洲的一些地方，那里太冷了，大象无法生存。

据说神话生物格里芬有鹰的头、狮子的身体和巨蟒的尾巴。有时它们也有翅膀。

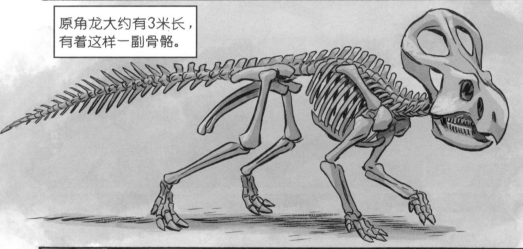

原角龙大约有3米长，有着这样一副骨骼。

颈部的"盾"很容易折断。

"沉积物"一般是指在水、风、冰川和重力的作用下移动的泥沙颗粒。

随着沉积物的积累，遗留物们得到了保护。

沉积岩是由沉积物随时间的推移，在压力等作用下一层层累积而成的。

变质岩是由地下的其他岩石在热量和压力的作用下形成的。

岩浆岩是由地下深处的岩浆形成的。

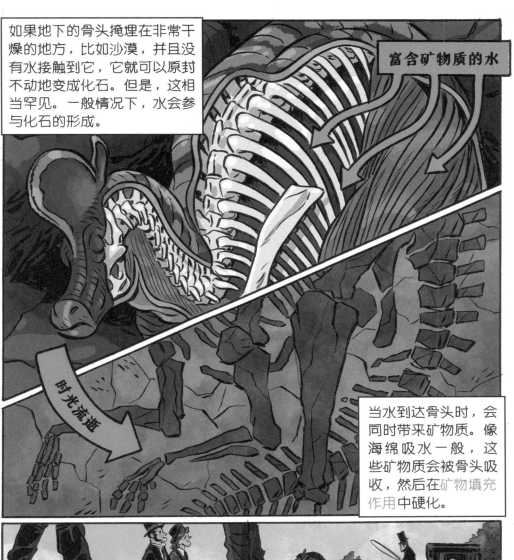

如果地下的骨头掩埋在非常干燥的地方，比如沙漠，并且没有水接触到它，它就可以原封不动地变成化石。但是，这相当罕见。一般情况下，水会参与化石的形成。

富含矿物质的水

时光流逝

当水到达骨头时，会同时带来矿物质。像海绵吸水一般，这些矿物质会被骨头吸收，然后在矿物填充作用中硬化。

化石一直隐藏着，直到有人挖出它，或者上面的土壤和岩石被侵蚀掉。

1800年，许多化石即将出现在地表。

在1800年……

人们认为:
地球已有6000余年的历史。
恐龙是怪物。
它们生活在几千年前。
因为大洪水,它们消失了。
当时没有恐龙存活的例证。

他们对这一切是确信无疑的。

怎样才能给一个恐龙命名？

1. 成为一名古生物学家，然后发现一个新物种，并写一些关于它的文章。*

2. 赢得比赛！2005年，印第安纳波利斯儿童博物馆举办了一场命名比赛，为此前人们捐献的一具新恐龙化石命名。那种恐龙后来定名为"霍格沃兹龙王龙"，意思是"霍格沃兹的龙王"。

* 业余爱好者也可以发现和研究化石，但你必须知道所有的专业术语，并写一篇科学论文。

英国莱姆里吉斯的玛丽·安宁有着非凡的人生。

咔嚓

她还是婴儿时，曾被闪电击中，但幸存了下来。

她在一座桥下的房子里长大，生活非常穷苦。

醒醒！洪水又来了！

她的父亲教她如何在多赛特海岸寻找化石。

啊！一个椎体化石！

玛丽和她的哥哥约瑟夫渐渐变得非常善于发现化石，并且开始把它们卖给游客。

你这里卖些什么？

她卖贝壳化石。

巴克兰教地质学，也是一位充满活力的演说家，但是……

这是提格拉斯·皮尔瑟！

他是个古怪的人。

哦……我希望今晚吃的不是鼹鼠。

不，先生！是黑豹肉排。

哦，我的天，您也在读《骨骼化石研究》吗？

您一定是莫兰小姐，我正要写信给您，希望能互相认识呢！！

幸运的是，他们两人后来结为夫妻。莫兰也是一位热爱科学的女性。

巴克兰很快就结识了玛丽·安宁。

安宁和巴克兰教会了彼此很多东西。

巴克兰将有关化石和地质学的期刊借给安宁，安宁手抄复制。

谢谢你，巴克兰先生，学术期刊积累得真快。

下午好，玛丽。

欢迎，巴克兰先生。

她为他的科学突破做出了巨大贡献。

她对古生物学的诸多贡献之一是发现了粪化石。

你有没有切开过消化系统中的结石，巴克兰先生？

我确实没有。

你会经常在它们里面发现鳞片和骨头。

我发现，它们以各种方式存在于这些生物体内，而且总是在腹部附近。

了不起！我猜这个是胃部化石。

不，巴克兰先生，往低一点的部位想。

从恐龙的粪便化石中，我们可以找到恐龙最后几餐的部分食物，看看它们都吃了些什么。

只要它能被保存下来。

扑通

哦！给我宝宝的食物！！！

世界上大多数粪便不会变成化石，因为它们会被食物链重新吸收。石化了的粪便称为粪化石。

富含矿物质的水

2.结肠石之所以能够留存，是因为水将矿物质（比如石灰）带到生物体的所有可渗透的部位，甚至肠道。

1.骨头并不是唯一能通过矿物填充作用保存下来的化石。恐龙体内未排除的粪便形成的化石称作结肠石。

时光流逝

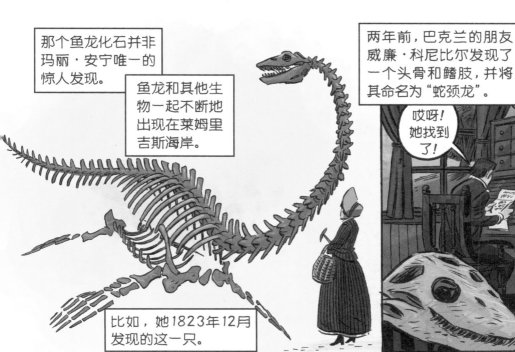

那个鱼龙化石并非玛丽·安宁唯一的惊人发现。

鱼龙和其他生物一起不断地出现在莱姆里吉斯海岸。

比如，她1823年12月发现的这一只。

两年前，巴克兰的朋友威廉·科尼比尔发现了一个头骨和鳍肢，并将其命名为"蛇颈龙"。

哎呀！她找到了！

等等！这看起来像尼斯湖水怪！

尼斯湖水怪的第一张图片是1933年出现的，看起来像蛇颈龙。

在那之前，尼斯湖水怪被认为是希腊传说中的马头鱼尾兽，它看起来像海马……

你大脑中有一个结构，因为形似海马而得名海马体①。

① 在记忆过程中起着重要作用。

1828年12月，安宁发现了一只较小的生物，大约仅有一只乌鸦那么大。

这是在英国发现的第一个此类动物的化石。

翼手龙最早是1784年在德国的巴伐利亚发现的，但是一直到1809年才被乔治·居维叶命名。

我断定翼手龙不是鱼，而是飞行动物！

1795年，居维叶被位于巴黎的法国研究院聘为比较解剖学助理教授。

他很快成为欧洲最重要的科学家之一。

①法国人喜欢吃青蛙。

居维叶研究了他能找到的每一篇关于石化骨头的文章。

所有的事实都表明，在我们之前有一个世界在灾难下毁灭了。

包括雅克瓦维的传说可能是基于美洲原住民发现的乳齿象化石发展而来。

在肯塔基州，雅克瓦维和其他动物之间的一场战斗导致遍地骨头。

那时的人们认为没有一个物种已经完全灭绝。

尽管从1700年以来没有人见过渡渡鸟。

居维叶的论文发表不久后，一头冰封的猛犸象出现在西伯利亚……

证明了世上已没有这样的生物。

在发现第一只恐龙的
竞争中，曼特尔因为
晚了一年发表而负于
威廉·巴克兰……

巴克兰的斑龙在
许多方面都使禽
龙黯然失色。

曼特尔还将
发现林龙。

1842年，一位才华横溢的解剖学家注意到禽龙、斑龙和林龙有共同的脊柱特征，将它们归类为"恐龙"（Dinosauria，意为"恐怖的蜥蜴"）。

DEINOS（希腊语，形容词）：可怕的，非常庞大的，奇妙的〔暗含：不可知的，强大的，非常棒的〕

SAUROS（希腊语，名词）：蜥蜴

欧文

但恐龙是爬行动物（reptiles），不是蜥蜴。

嗯，但"Dino-herpeton"听起来好奇怪。

迪诺（Deino）是一个希腊怪物，是格莱埃三姐妹之一。她与海神、独眼巨人、有100个头的龙以及美杜莎有关。

她名字的意思是"恐惧"。

爬行动物包括龟、蛇、蜥蜴和鳄鱼等，它们刚被从两栖动物中分离出来，两栖动物包括青蛙和蝾螈等。

鱼龙和蛇颈龙作为海洋生物有各自的分类。

翼龙有它们自己的分类，因为那时候还没有人真正了解它们。

翼龙

鱼龙

理查德·欧文在一家监狱医院当学徒，开始了他的医疗生涯。

嗯……他看起来病了。

欧文被雇佣负责准备动物的标本，并为猎人的收藏做记录。

他与监狱的外科医生密切合作，获得了第一手的……

解剖经验

把它带过去吧，你们知道哪个是实验室吗？

是的，欧文太太。

几年之内，他的名声大为提升，以至于动物园里死亡的动物都送到他家中供他解剖。

欧文写了许多有见地的论文,并将自己确立为居维叶思想的继承人。

然后他利用自己的权力阻止其他科学家进行研究,并贬低他们的工作。

嘿!

尤其是吉迪恩·曼特尔。

巴克兰先生,他完全歪曲了我的禽龙研究!我甚至不能发表它们,因为他控制着地质学会。

这是蓄意的吗?多么没有绅士风度啊!

这的确太不绅士了!巴克兰本人因无法在自己的论文中提及玛丽·安宁的贡献而感到内疚,正如他同时代的,在作品中使用玛丽发现成果的所有人一样。

我的发现是被这些男性科学家滥用得最多的,普林尼小姐。

但欧文终将自食恶果。他凭借对一种已灭绝的头足类动物的研究而得到英国皇家学会的"皇家奖章",但是四年前,已经有人在地质学会上提交过这方面的研究了。

我给它的学名是"Belemnite owenni"!

欧文开始因为剽窃行为而颜面尽失,但他依然愚蠢。

是的,那是不对的!活着的动物不会让自己的胃对抗重力!

那是严重的能量滥用!

曼特尔去世后，欧文发表了一篇关于曼特尔的讣告，否认了他所有的科学贡献，却赞扬了自己的工作。

对曼特尔的强烈仇恨和自我膨胀让他开始遭到同行的排斥。

嘭！

欧文被从地质学会及皇家学会的职位上驱逐，这些都是当时主要的科学组织。

但在常规世界中，欧文仍然被认为是一位伟大的科学家。

这是维多利亚女王陛下和阿尔伯特亲王。

晚年，欧文致力于让工薪阶层也能够参观大英博物馆，这也许是他留给我们最好的科学遗产。

虽然这些展示物在几十年后将不再流行，但在伦敦的西德纳姆公园仍然可以看到原始雕像。

在1854年……

人们认为：
地球大约有40万年的历史。
恐龙是已灭绝的爬行动物。
它们生活在数十万年前。
它们灭绝的原因是个谜。
当时没有恐龙生存的例证。

他们对这一切是确信无疑的。

恐龙是如何命名的？

它们的命名通常用希腊语和拉丁语的描述性短语，近些年也使用了汉语和蒙古语。

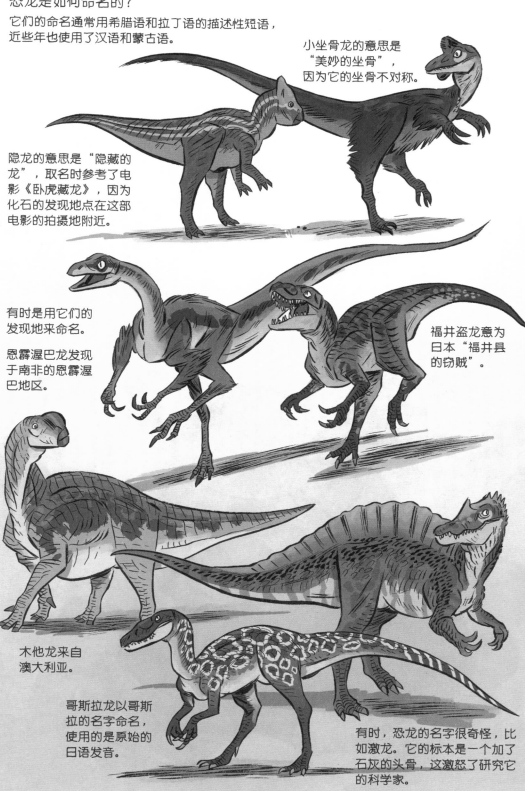

小坐骨龙的意思是"美妙的坐骨"，因为它的坐骨不对称。

隐龙的意思是"隐藏的龙"，取名时参考了电影《卧虎藏龙》，因为化石的发现地点在这部电影的拍摄地附近。

有时是用它们的发现地来命名。

恩霹渥巴龙发现于南非的恩霹渥巴地区。

福井盗龙意为日本"福井县的窃贼"。

木他龙来自澳大利亚。

哥斯拉龙以哥斯拉的名字命名，使用的是原始的日语发音。

有时，恐龙的名字很奇怪，比如激龙。它的标本是一个加了石灰的头骨，这激怒了研究它的科学家。

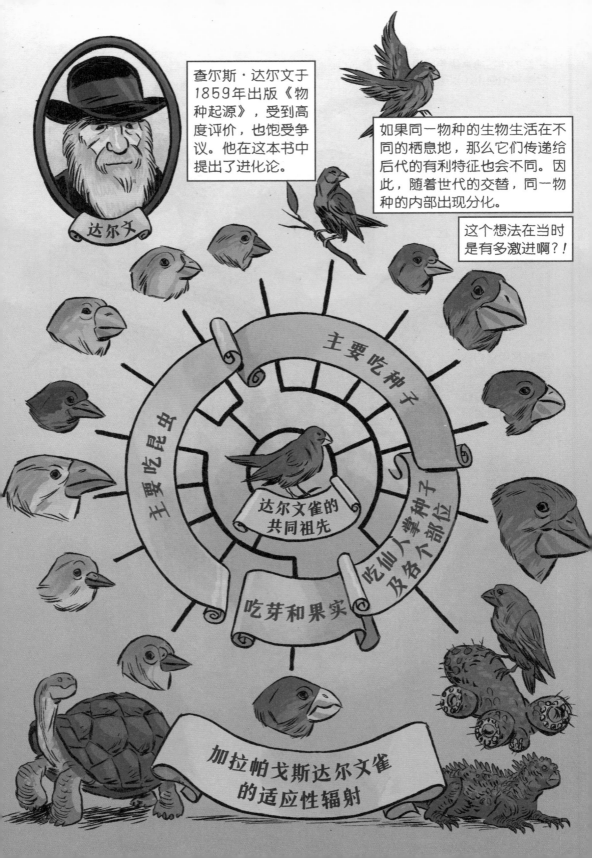

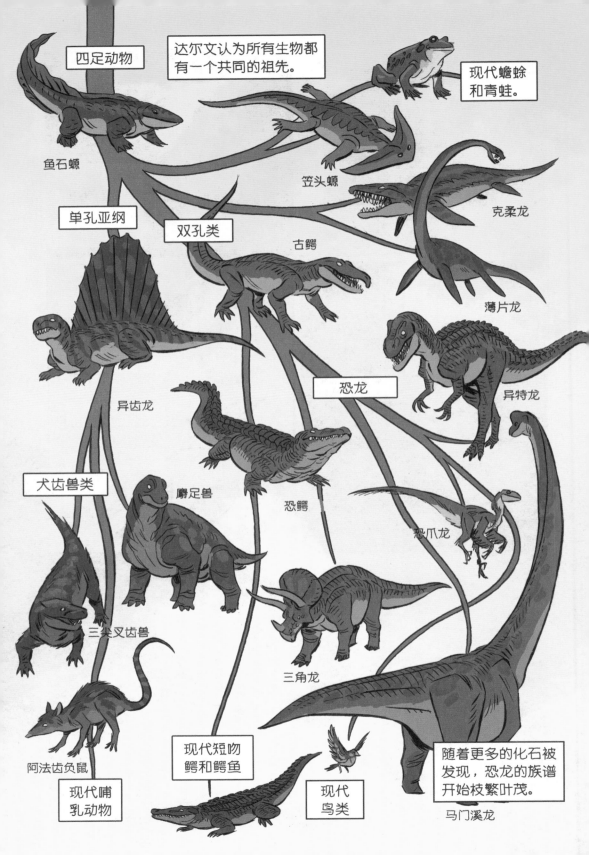

1858年，新泽西州的哈登菲尔德。

广阔的世界中无奇不有！

你发现了什么，约翰？

约翰·埃斯塔夫·霍普金斯偶然发现了一具近乎完整的鸭嘴龙骨骼。

你认为那是什么？

美国第一个有记录的发现。

一亿年前，该地。

嘿，乔伊！

嘿，唐尼，你好！

那附近的宾夕法尼亚大学的教授约瑟夫·莱迪得出结论说，它像禽龙一样是两足动物。

在野外，他们的队伍会互相投掷石头……

咚！

埋下化石赝品干扰对方……

哇啊，哈哈！

矸!

炸毁自己的挖掘现场，让对方在那里找不到骨头化石。

争论充斥在科学期刊中，最终成为头版新闻。

每日邮报
骨头战争
奥塞内尔·马什和爱德华·柯普

后来，马什企图让政府没收柯普的收藏。

柯普，多亏了你详尽的记录，它们挽救了一切。

实际上，我花在记录上的时间比调查多十倍。

没想到马什却只能看着自己的收藏被史密森学会带走。

这太可笑了……我什么也没有。

你的记录呢，马什先生？

49

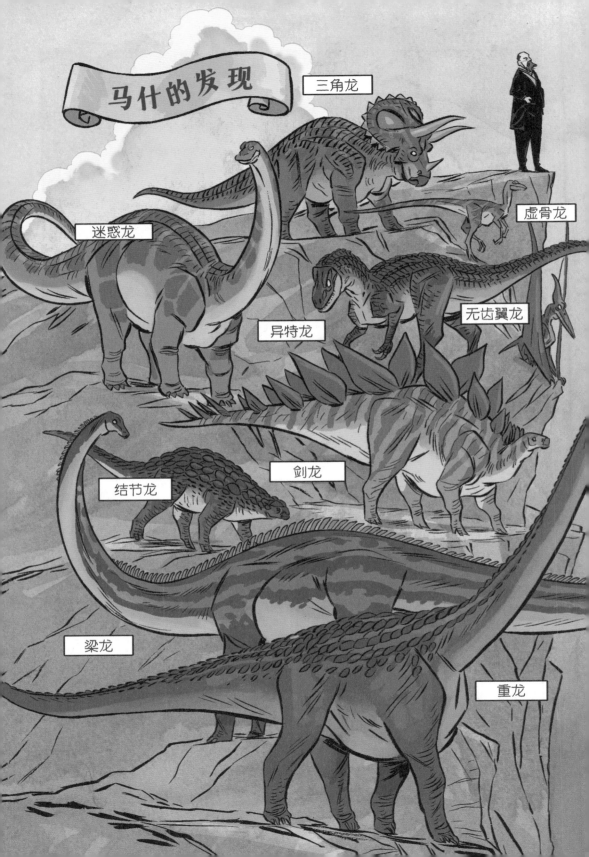

他们的发现中包含大多数众所周知的恐龙。两人的发现总数超过100种，但也有一些是"重叠"的。

柯普的发现

奇迹龙

圆顶龙

基龙①

伤龙

双腔龙

这种恐龙只有一块幸存的脊椎骨，但它可能是迄今为止发现的最大恐龙！不过这个标本在19世纪70年代丢失了。

柯普写了1400篇关于各种动物的论文！马什的论文数量远不及柯普，并且他的一些论文可能是实验室助手写的。

①生存于二叠纪，并非恐龙。

① 至少我们（指本书的文图作者）当时是这么想的。见112页。

已知物种不断增加，其中包括了一些外观迥异的恐龙，但科学家们发现它们仍然有一些共同特征。1887年，古生物学家哈里·希利根据骨盆的不同将它们分为两组。

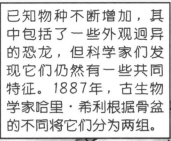

蜥臀目——"蜥蜴般的骨盆"

鸟臀目——"鸟类般的骨盆"

这是一副人类的骨骼。

嘿！

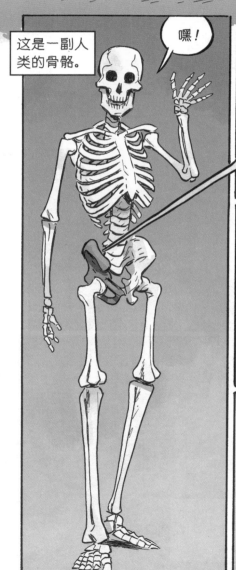

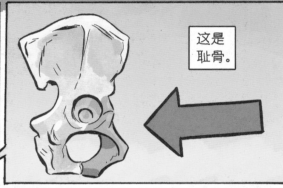

这是耻骨。

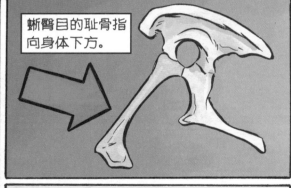

蜥臀目的耻骨指向身体下方。

鸟臀目的耻骨指向身体后方。

鸟臀目包括
这些类型：

角龙类
（带颈盾）

鸭嘴龙类
（喙像鸭类）

甲龙类和剑龙类
（装甲恐龙）

肿头龙类
（头部撞击者）

蜥臀目包括：

蜥脚类

兽脚类

恐龙也可以根据食物来分类 —— 是吃肉，还是吃植物。

植食性恐龙往往有喙状的颌骨，便于把叶子从树枝上，或着把植物从地上拔掉。

它们的牙齿末端是扁平的，适合研磨食物。

肉食性恐龙要用颌骨切开动物的皮肤和肌肉，把它们从骨头上撕下来。

它们的牙齿外形像刀，有些有牛排刀一样的锯齿状边缘。

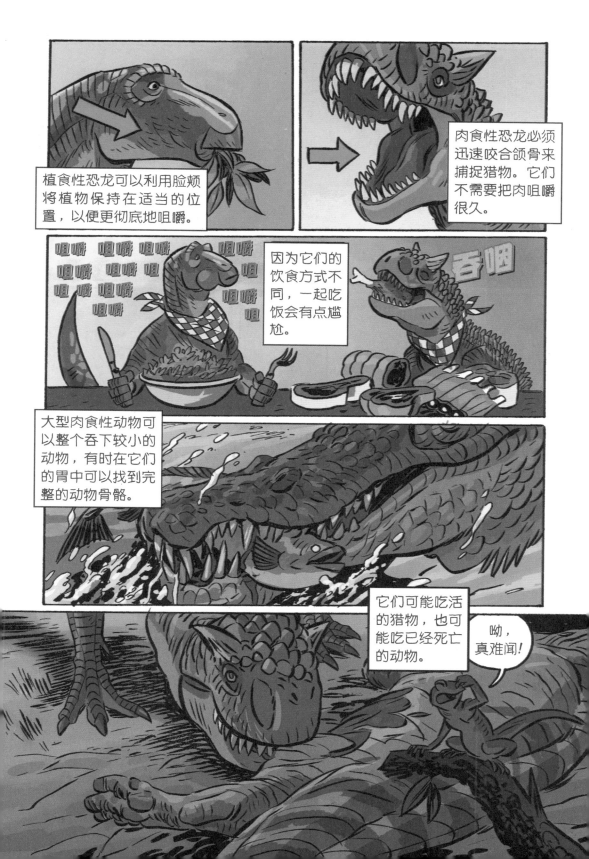

在三叠纪和侏罗纪时期，植食性恐龙主要吃针叶树的叶子、蕨类植物等。能开花和结果的植物（包括所有蔬菜）直到大约1.4亿年前才出现。

在某些种类的植食性恐龙的腹部附近发现了胃石，这些小石头能帮助它们磨碎胃里的植物。

今天我们对鸟类的这种消化方式很熟悉了。

研磨 研磨 研磨 研磨 研磨 研磨

鸵鸟会被闪亮的石头吸引，甚至会吞下人们的珠宝和手表，正是出于这个目的！

1860年，在德国巴伐利亚的一个采石场里发现了一块羽毛化石。它被人破坏了，分成一层一层的，用来印刷插画。

一年后，在同一地区发现了一块带羽毛的骨骼化石，后被送往伦敦。

理查德·欧文给它取名——

Archaeopteryx Owenni①

它大约有乌鸦那么大，但有带骨的尾巴，以及爪子和牙齿。

截至2011年，我们知道始祖鸟的部分（如果不是全部）羽毛是黑色的。

①欧文根据送往伦敦的羽毛化石标本为这个物种起的学名。

几十年之后,特兰西瓦尼亚的弗兰兹·诺普乔男爵认同这一点。他在兽脚类恐龙和鸟类的骨骼中发现了许多解剖学上的相似之处。

诺普乔

他仔细研究了妹妹在家族庄园里发现的骨头化石。那里现在属于罗马尼亚。

第一次世界大战期间,他曾为奥匈帝国当过间谍。

诺普乔还研究了阿尔巴尼亚人。

1919年,他成为第一个劫持飞机的人。

他曾提议让自己当阿尔巴尼亚的国王。

将王后的位置卖给一位百万富翁的女儿。这笔钱将用于我们的国家。

诺普乔被认为是第一位真正的古生物学家。他试图重建家乡所在区域的生态,以弄清楚恐龙是如何生活的。

诺普乔注意到他们当地的恐龙比其他地方相似类型的恐龙要小很多。

他推断哈采格地区在数百万年前是一个岛屿，有限的空间限制了恐龙的外形大小。

恐龙岛

这被称为"岛屿法则"，或者孤岛侏儒理论。较小的栖息地＝较小的动物。

但特兰西瓦尼亚当时是被陆地包围的。

奥地利帝国

波兰

摩尔多瓦

特兰西瓦尼亚

奥斯曼帝国

黑海

瓦拉几亚

"一战"前，欧洲部分区域示意图

与此同时，德国气象学家阿尔弗雷德·魏格纳正在研究格陵兰岛和北极的极地冰与岩石的形成。

这些岩石是完全相同的。

重大发现！快！打电话给报社！

这块岩石来自欧洲，这块来自格陵兰岛，但是它们含有相同物种的化石。

然后，你看这里，这两处海岸线可以非常紧密地结合在一起。

是啊……或许。

北冰洋

格陵兰岛

挪威 瑞典

格陵兰岛及周边示意图

魏格纳于1915年出版了《大陆和海洋的起源》一书，提出了"大陆飘移学说"。

他认为曾经有个原始的"古大陆"，它的大部分陆地是连成一个整体的。

泛大洋

欧亚大陆

北美洲

古地中海

非洲

南美洲

印度

南极洲

澳洲

魏格纳不确定大陆漂移是如何发生的，只是已经发生了。但是，由于他不是地质学家……

古大陆示意图

他是个气象员，只是一个气象员！别让他告诉我们"我们的科学"！

大陆要移动那么远，地球必然非常古老。

地球示意图

物理学家开尔文勋爵推算的地球年龄最古老——大约在2400万年至4亿年之间。当时的人们对地球的了解还不够深入，无法比较准确地推算出地球的年龄。

但在1904年，一位名叫欧内斯特·卢瑟福的新西兰人用铀矿石做实验，发现了放射性鉴年法，人们因此能较准确地推算出地球的年龄。

想象一下，一个拿着玻璃杯的男人在房间里走来走去，他忙着聊天，来不及喝一口。

当他走路的时候，啤酒从杯底的一个小孔匀速地流出。

我们到达时量了一下杯中的啤酒，还剩1/2。

10分钟后，啤酒变成了2/5。

可见，在我们出现之前他拿着那个玻璃杯到处走了50分钟。

所以，你说的测定地质时间的方法和这个类似？

正是！

我们可以通过比较玻璃杯中啤酒量的变化来判断过去了多长时间。

你测定过的东西有多古老？

我有一块7亿年前的铀。

在1920年……

人们认为：
地球有4亿年的历史。
恐龙是已灭绝的爬行动物。
它们生活在300万年前。
它们灭绝了，因为"适者生存"。
当时没有恐龙生存的例证。

他们对这一切是确信无疑的。

撰写和恐龙发掘有关的科学论文的第一位女性是曼荷莲女子学院的教授米尼翁·塔尔博特。

塔尔博特

1910年,她发现一个几乎完整的快足龙化石,只缺了头部。

但七年后,这个唯一的标本在博物馆的一场大火中被烧毁。幸运的是,位于纽黑文市的耶鲁大学皮博迪博物馆中有一个模型现在还完好地保存着。

20世纪20年代初，美国自然历史博物馆在中国的戈壁沙漠开展了一系列探索活动。

茫茫的戈壁沙漠中埋藏着很多独特的恐龙化石。

在第一次世界大战期间，罗伊·查普曼·安德鲁斯在该地区考察，为美国自然历史博物馆收集动物标本。

别介意，我是来打猎的。

你们最近看到什么很棒的东西了吗？

战后，安德鲁斯说服博物馆（以及一些来自纽约的富豪赞助者）让他带领一支有汽车和骆驼的探险队进入戈壁，探索沙漠的地质和生态。

几乎所有人都支持安德鲁斯，他真是有魅力！

好，安德鲁斯，我出1000美金。

谢谢！请开支票给自然历史博物馆！

由于不确定安德鲁斯的动机,当地官员不愿意让探险队进入,但最终在一个条件之下让步了。

你会去寻找死亡蠕虫吗?

那到底是什么?

它和你的手臂差不多粗,看起来像肠子,会吐酸液。

有时候可能产生电流。

如果能找到,我一定会收集的。

虽然没有找到死亡蠕虫,但安德鲁斯的团队遭遇过泥坑……

沙尘暴……

还有毒蛇

蛇!

砰!

砰!

在戈壁沙漠,安德鲁斯发现了第一批恐龙蛋化石。

在那附近,他们发现了很多角龙类的骨骼化石。当他们在恐龙蛋化石中间发现一个其他恐龙的骨骼化石时……

他们将这种恐龙命名为窃蛋龙——蛋的窃贼。

这次考察还发现了伶盗龙!

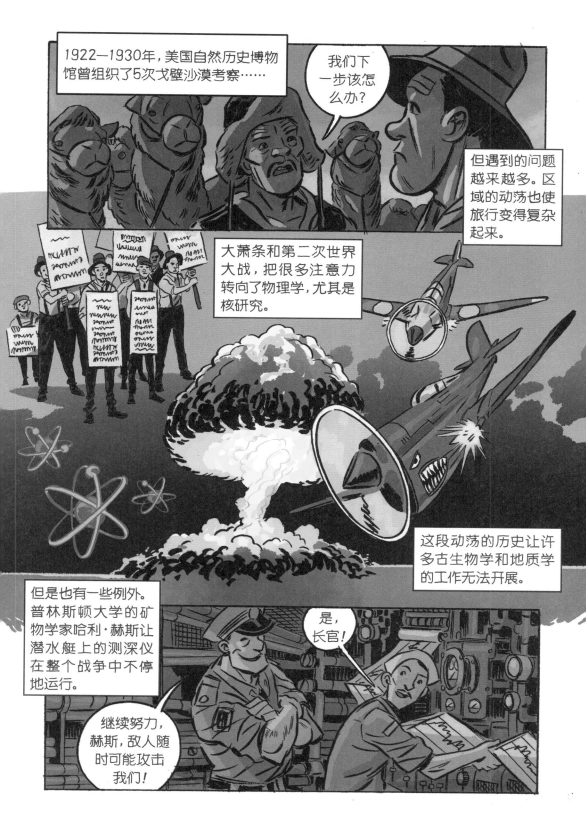

他发现大西洋的海底布满了海谷，这意味着它（从地质学上说）非常年轻。

一个稳定的古老海底会布满粉砂和泥土，并且是平滑而非崎岖的。

如此平滑！

战后及整个50年代，海洋学家对大西洋进行了更多的勘探，发现了中央裂谷。

他们在不同地点测了岩石的年代，发现离裂谷越远，岩石越古老。

中央裂谷示意图

我就待在这里，该死的！

裂谷方向

越靠近裂谷，岩石越年轻，这意味着裂谷正在将海底分开，海底在不断扩展。

这个发现成为板块运动理论的第一个确凿证据，让该理论在20世纪60年代后期被广泛接受。

在海底，人们可以看到世界在数十亿年间是如何变化的 —— 先是长时间保持平静，然后陷入剧变。

2亿年前，
三叠纪的大陆

三叠纪大陆示意图

1.5亿年前，侏
罗纪的大陆

侏罗纪大陆示意图

7000万年前，
白垩纪的大陆

白垩纪大陆示意图

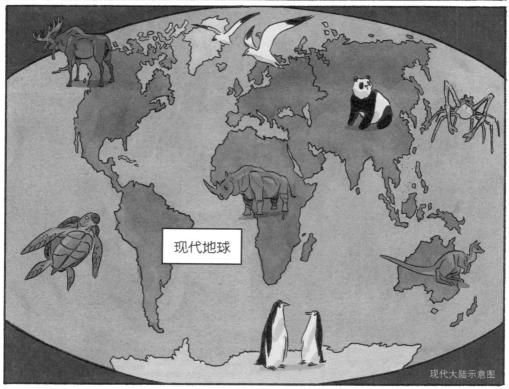

现代地球

现代大陆示意图

20世纪40年代末，哈里森·布朗发明了一种计算岩浆岩中铅同位素的方法，并指派他的研究生克莱尔·帕特森运用他的技术来推断地球的年龄（因为他觉得这个工作会很无聊）。

这个很容易！圣诞节前你就能完成！

为了寻找最古老的岩石，帕特森测试了一块陨石，因为它是由地球形成后残余的物质组成的。

想想看，地球初期的一块碎片！

1953年

地球有45.5亿年的历史，误差为正负7000万年。

大约二十年后，人们收集了44.6亿年前的月球岩石。

到1970年，人们弄清楚了地球有多古老，如何移动，以及我们脚下发生着什么。

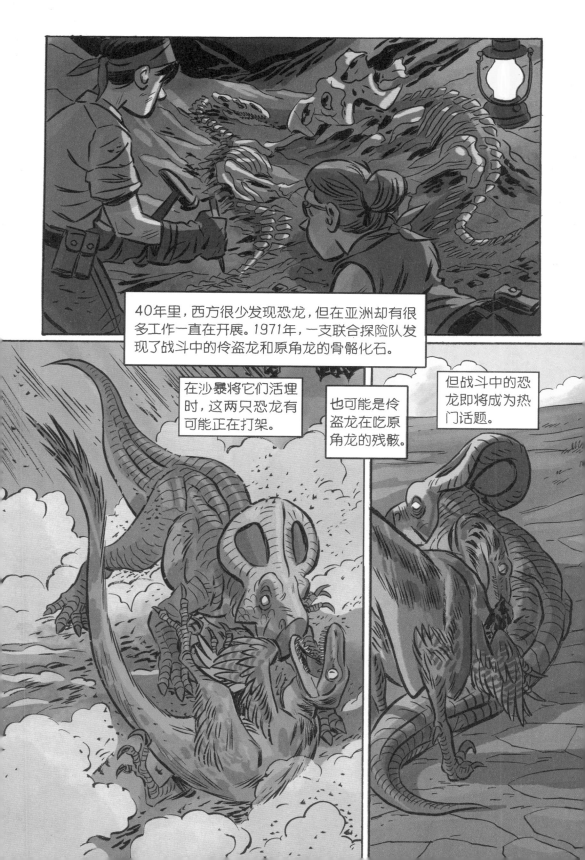

40年里，西方很少发现恐龙，但在亚洲却有很多工作一直在开展。1971年，一支联合探险队发现了战斗中的伶盗龙和原角龙的骨骼化石。

在沙暴将它们活埋时，这两只恐龙有可能正在打架。

也可能是伶盗龙在吃原角龙的残骸。

但战斗中的恐龙即将成为热门话题。

恐爪龙是1964年发现的，类似这样的发现激发了对恐龙生理特征的一些新思考。

以及电影中一些新的反派角色。

聪明的"女孩"。

20世纪70年代，杰克·霍纳对蒙大拿州慈母龙巢穴的研究给恐龙变温理论带来更多的冲击。

他偶然走进路边的一家化石商店，这家店由业余化石猎人玛丽昂·布兰德沃德经营。

化石
商店

她发现了北美洲第一个幼年恐龙的巢穴，位置正好在她家附近，她和家人经常去那片区域探索。

他们发现的骨头化石很大，长度大约为41—152厘米，因此，这些幼年恐龙不可能是刚从蛋中孵化的。

它们一年就能长那么大，这是高代谢和温血性的好指标。

体形的大小、磨损的牙齿，以及附近成年慈母龙的骨头表明，这些幼年恐龙是由父母喂养的。

相比成年恐龙，它们的眼睛和鼻孔比较大，父母抚养的幼年动物都有这些特点，这让它们看起来更无助。

人们逐渐发现更多巢穴，比如泰坦巨龙的，很明显，它们不会坐在蛋上孵化的。

它们利用腐烂的植物释放的热量让蛋保持温暖。

1993年，科学家们在戈壁沙漠发现了新的巢穴，这次的恐龙蛋里面有胚胎化石。

之前认为是原角龙的蛋，实际上属于所谓的窃贼——窃蛋龙！

我们以为那只恐龙在吃蛋，实际上它是在孵化。

轰隆

在发现的另一个巢穴中，一只窃蛋龙展开翅膀盖住蛋，保护着它们，直到自己死亡。

我们认为恐龙是爬行动物，所以它们也会让蛋自己孵化。

我们自由了！

但我们不断发现恐龙与鸟类的相似之处。

它们有相似的骨骼和脚。

它们在巢中产卵，也借助胃石分解食物。

另外，像伶盗龙这样的小型兽脚类恐龙，它们和鹤或鸵鸟之间的关联非常明显。

已灭绝的恐鸟，身高很惊人，可以达到3.7米。

生活在澳大利亚的鹤鸵个头很大，内侧脚趾上有一个锋利的长爪。鹤鸵可以弄伤，甚至杀死人类。

这个想法被搁置了，因为科学家们当时正在辩论一个爆炸性的新问题——关于恐龙为什么会灭绝。

它们只是输给了"适者生存"。

可能是因为它们的脑部很小。

当时已经知道的是，K—T界线（"白垩纪—第三纪界限"的英文简写）之上没有恐龙化石。K—T界线是一个大约2厘米厚的黏土层。

1980年左右，地质学家沃尔特·阿尔瓦雷斯和他的父亲，物理学家路易斯·阿尔瓦雷斯，决定通过研究那些黏土来寻找原因。

铱的含量是它正常水平的数百倍。

铱在元素周期表上挨着铂，是地球上很罕见的元素。

但在陨石中，
它更常见。

他们最终在墨西哥
的希克苏鲁伯发现
了撞击坑，它被掩
埋在数百米厚的土
壤下。

撞击地球的
天体比火星
的卫星火卫
二还要大。

墨西哥及周边区域示意图

顺便说一句，德莫斯（即火卫二）在希
腊语中有"恐惧"的意思。德莫斯是希
腊神话中的神，他和双胞胎兄弟福波斯
跟着父亲——战神阿瑞斯一起参战。

撞击的威力可能是原子弹的几百万倍。

附近的任何东西都会立即死亡。

在接下来的4个月里，空气中充满烟尘，没有阳光可以照进来。

植物灭绝了，动物们都缺乏食物。

对恐龙来说，这次撞击发生在一个特别糟糕的时候，当时海平面已经下降，周围的生态环境也恶化了。

印度强烈的火山活动也使得当时的环境更不稳定。

如果撞击发生在历史上一个环境更适宜的时期，某些恐龙物种可能有机会存活下来。

犹他盗龙

恐爪龙

伶盗龙

科学家们开始猜测这是否意味着所有的恐龙都有羽毛……

哦，我以前看起来很霸道的！

朋克摇滚人生！

哇！

你还是那么凶猛。

咔嚓

或者仅仅是那些已经发现的少数种类才有羽毛。

这很难说，因为皮肤和软组织很少能保存下来。

这样看来，我们似乎已经把范围缩小到兽脚类恐龙了。

哈 哈 哈 哈 哈 哈 哈 哈 哈 哈 哈 哈 哈

哦，那说的还是我！

后来人们在西伯利亚发现一个有羽毛的古林达奔龙化石，它是鸟臀目恐龙，不是蜥臀目中的兽脚类恐龙。

如果这两个分支（或者它们中的一些早期种类）都有羽毛，那么羽毛可能在蜥臀目和鸟臀目更早的共同祖先身上就已经出现了。当然，羽毛也有可能是不同恐龙类群独立演化出来的。

这意味着每一种恐龙可能都有羽毛。

啊啊啊啊啊啊啊……

天哪！！

嘿嘿嘿

它们的羽毛不会是用来飞行的（大部分可能都太重了），最可能的用途是保温。

嘿，这就像我穿着裤子一样！

嘿，帅哥，你想出去逛逛，抓一些猎物吗？

好的！

另外，也能让其他同类知道它们是同一种恐龙。

啪

体形较小的恐龙可以借助羽毛滑翔，也可能通过拍打翅膀躲避捕食者。

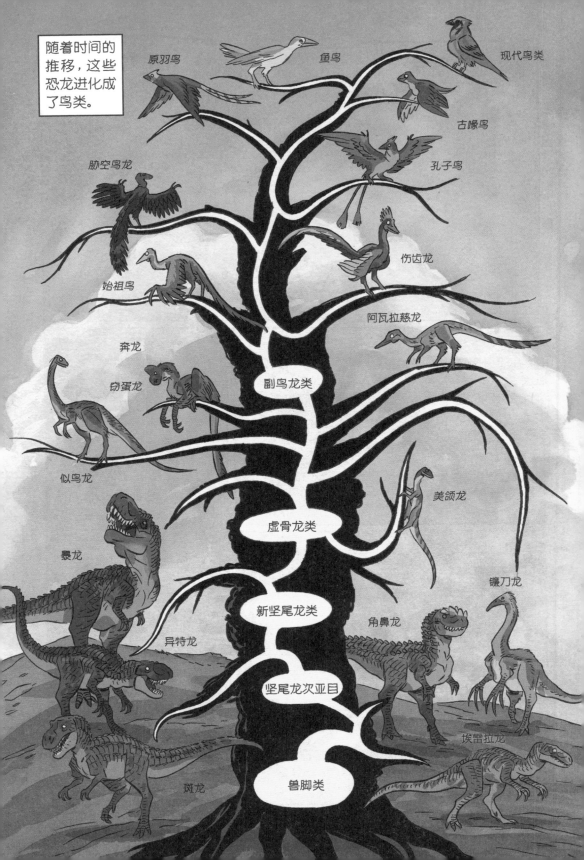

随着时间的推移，这些恐龙进化成了鸟类。

原羽鸟

鱼鸟

现代鸟类

古喙鸟

胁空鸟龙

孔子鸟

伤齿龙

始祖鸟

阿瓦拉慈龙

奔龙

窃蛋龙

副鸟龙类

似鸟龙

美颌龙

虚骨龙类

暴龙

镰刀龙

新坚尾龙类

异特龙

角鼻龙

坚尾龙次亚目

埃雷拉龙

斑龙

兽脚类

在2000年……

人们认为：
地球大约有46亿年的历史。
恐龙被认为是鸟类已灭绝的爬行动物祖先。
它们大约生活在2.5亿年前。
它们之所以会灭绝，很可能是因为小行星的
撞击破坏了它们的生态。
恐龙的后代依然生活在地球上。

他们对这一切是确信无疑的。

恐龙和它们的近亲有多大？

风神翼龙的翼展大约有13米，和半挂车一样长。它们是有史以来最大的飞行动物。

阿根廷龙长约30米，重约100吨，大约相当于16头非洲象的重量。

波塞冬龙是最高的恐龙之一，大约有17米高，是长颈鹿高度的3倍左右！

棘龙是最大的肉食性恐龙，长度接近18米——和保龄球道差不多长。

山东龙是最大的鸟臀目恐龙，长约15米，重量可达16吨以上！

耀龙是最小的恐龙之一，大约有25厘米长（算上尾羽，总长约44厘米），160克重（和冰球差不多）。

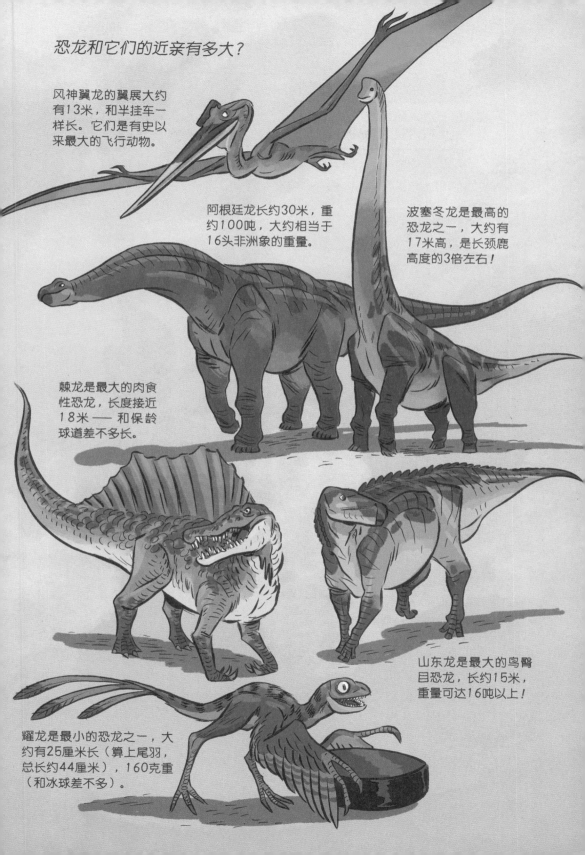

每一个拥有足够古老的岩石的国家都发现过恐龙，包括马达加斯加、日本和新西兰等岛屿国家。

冰脊龙是在南极洲发现的一种兽脚类恐龙。为了在南极漫长的夜晚狩猎，它们可能有夜视能力。

恐手龙的手臂长度超过2.4米。科学家认为它们是杂食性的。

掘驰龙是可以挖掘地洞的恐龙。

有些种类的恐龙，当父母外出觅食时，年长的个体可能会守卫巢穴，比如鹦鹉嘴龙。这种行为在今天某些鸟类身上也可以看到，比如乌鸦。

马门溪龙和超龙是蜥脚类恐龙，它们的体长超过30米，其中脖子就占了一半左右。

棘龙体形庞大,可能是最大的肉食性恐龙。它们在水中和陆地上都能捕食。

计算机让数据分析和身体可视化变得更加容易。我们开始将恐龙的足迹和腿脚化石进行比较，计算出它们移动的速度。

我们测试了一些角龙类恐龙头骨内部的气体流动，并推断它们的嗅觉能力。

我们还可以借助计算机模型推算出一只恐龙用尾巴猛击另一只恐龙的脸时力量有多大。

走开，讨厌鬼！

咔嚓

伙计，洗个澡吧！

咚

我们的一些计算机建模实验看起来确实很幼稚。

我们给鸡装上假屁股，模拟有更大尾巴的兽脚类恐龙走路的样子。

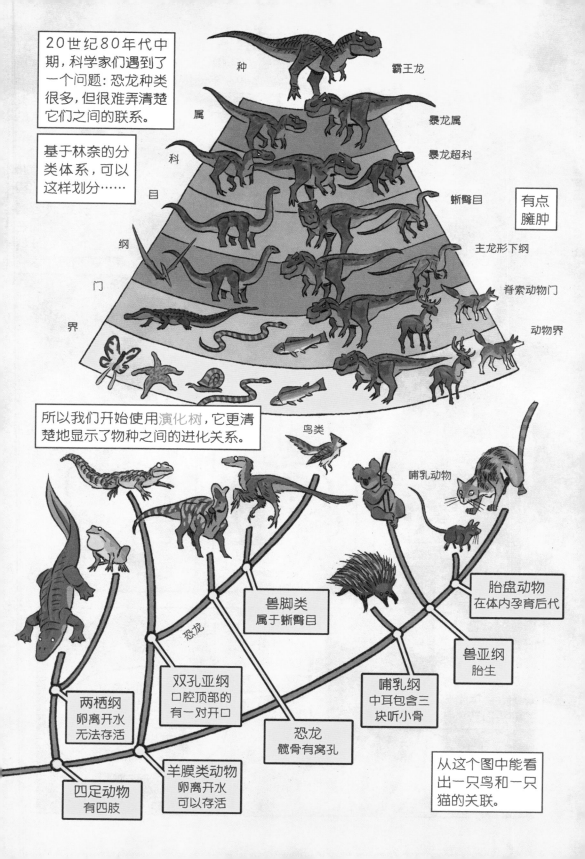

20世纪80年代中期,科学家们遇到了一个问题:恐龙种类很多,但很难弄清楚它们之间的联系。

基于林奈的分类体系,可以这样划分……

种 —— 霸王龙
属 —— 暴龙属
科 —— 暴龙超科
目 —— 蜥臀目
纲 —— 主龙形下纲
门 —— 脊索动物门
界 —— 动物界

有点臃肿

所以我们开始使用演化树,它更清楚地显示了物种之间的进化关系。

鸟类

哺乳动物

胎盘动物
在体内孕育后代

兽脚类
属于蜥臀目

兽亚纲
胎生

恐龙

哺乳纲
中耳包含三块听小骨

双孔亚纲
口腔顶部的有一对开口

恐龙
髋骨有窝孔

两栖纲
卵离开水无法存活

羊膜类动物
卵离开水可以存活

四足动物
有四肢

从这个图中能看出一只鸟和一只猫的关联。

我们还不确定到底有多少种恐龙。目前，科学家已经命名了约300属中的约700种恐龙。但是，这个数字还在不断地进行修订。

并不是每一只恐龙都是在完全成年后死亡的。有些是幼年个体，有些是亚成年个体，有些是已经很老的成年个体。它们在这三个年龄段看起来很不一样。

亚成年三角龙

幼年三角龙

成年三角龙

幼年

亚成年

成年

我们可以在显微镜下观察死亡恐龙的骨密度，以此来确定它们的年龄。年轻个体的骨头像海绵，老年个体的骨头很致密。

因为有了阿努苏亚·钦萨米·图兰博士的研究……

我们可以通过恐龙化石确定骨骼的生长速度。恐龙的生长速度并不相同。有些恐龙一生都在生长，比如三角龙。

不同性别的恐龙，骨骼外形可能存在差异，这些我们还没有弄清楚。

有些化石不是完整的骨架。有时只剩下一根股骨或一些牙齿，我们可能永远找不到其他部位的标本了。

有时我们会丢失化石，无法将新旧发现进行比较。我们永远也看不到柯普和马什的一些失踪的化石了。

阿根廷龙

蛇发女怪龙

─ 注 解 ─

第34页 蛇颈龙不再是鱼龙的一部分。

第51页 奇迹龙作为一个属的有效性存在争议。

第51页 基龙生活在晚石炭纪和早二叠纪时期（约3亿年前到2.75亿年前），比恐龙生活的中生代早大约2500万年。它比恐龙更早，是哺乳动物的早期近亲。

第59页 该标本的最初学名是"Archaeopteryx siemensii"，但它通常被称为"柏林标本"。由于"Archaeopteryx siemensii"是有记录的第一个名字，所以欧文的命名"Archaeopteryx owenni"是无效的。

第60页 后来美国国会认为关于"有牙齿的鸟"的这本书是浪费纳税人的钱，马什因此被驱逐出美国地质调查局。这是一个巨大的丑闻。

第65页 这个解释略微简化了一下。铀的一个同位素以稳定的速率衰变成为另一个同位素，它们之间的比率是实际测量的。

第70页 罗伊·查普曼·安德鲁斯是《夺宝奇兵》灵感的一部分。他写了几本关于自己冒险和探索经历的书。冒险和探索也是20世纪50年代漫画的主题。

― 词 汇 表 ―

变温动物
从环境中吸收热量的动物,也称为冷血动物。

沉积物
泥土和岩石等的非常微小的碎片。

地层
即沉积物的分层,可以通过颜色和质地的变化来区分,这是数千年来,其成分的变化造成的。

非鸟型恐龙
除现代鸟类和它们演化支上的其他鸟翼类外,其余恐龙的通称。

粪化石
排出体外后成为化石的粪便。

古生物学
研究动物和植物化石的学科。

恒温动物
依靠自身体内代谢产生热量的动物,也称为温血动物。

化石
生物死后,它们的遗体和痕迹等保存在沉积物中或其他地方,经过很长一段时间后变成岩石的一部分。

矿物填充作用
生物的组织和器官变成化石的过程,主要包括吸收矿物质后的逐渐硬化。

鸟型恐龙
现代鸟类和它们演化支上的其他鸟翼类。

石化
有机物变硬如石头的过程。

二叠纪

侏罗纪

白垩纪

三叠纪

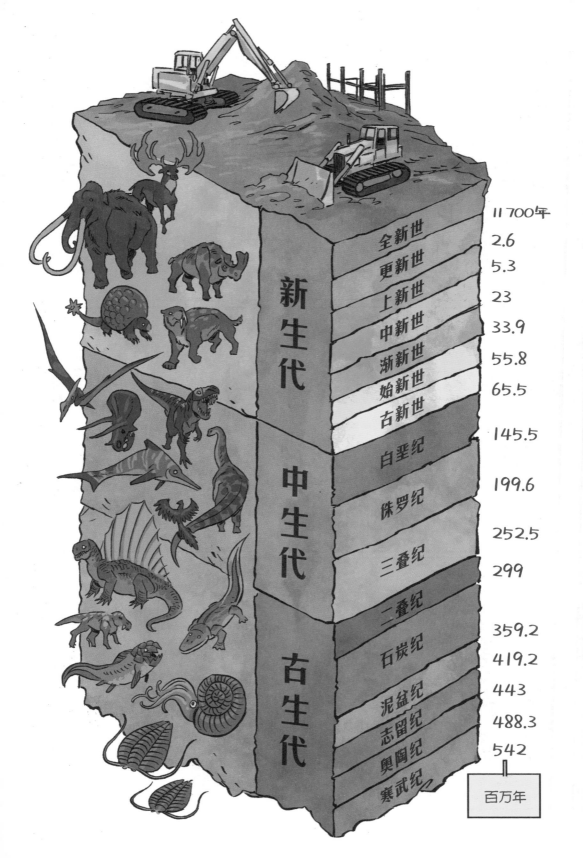

全新世   11 700年

更新世   2.6

上新世   5.3

中新世   23

渐新世   33.9

始新世   55.8

古新世   65.5

新生代

白垩纪   145.5

侏罗纪   199.6

三叠纪   252.5

中生代

二叠纪   299

石炭纪   359.2

泥盆纪   419.2

志留纪   443

奥陶纪   488.3

寒武纪   542

古生代

百万年